中 国 林 业 出 版 社
China Forestry Publishing House

书房又称家庭工作室，是作为阅读、书写以及业余学习、研究、工作的空间。特别是从事文教、科技、艺术工作者必备的活动空间。书房，是人们结束一天工作之后再次回到办公环境的一个场所。因此，它既是办公室的延伸，又是家庭生活的一部分。书房的双重性使其在家庭环境中处于一种独特的地位。

由于书房的特殊功能，它需要一种较为严肃的气氛。但书房同时又是家庭环境的一部分，它要与其他居室融为一体，透露出浓浓的生活气息。所以书房作为家庭办公室，就要求在凸显个性的同时融入办公环境的特性，让人在轻松自如的气氛中更投入地工作，更自由地休息。

随着"网络科技"的愈演愈烈，为网络一族打造一个全方位的工作环境，已成为当今居家设计的新趋势。"家"的定义，不再只是给予人们单纯的相聚、休息，工作与家庭的连结带来了复合式的新生活形态，这就让书房的设计显得格外重要。

1、更个性

将书房的基本元素任意组合，电脑桌、电脑椅、各式组合的书柜、书架以及休闲小沙发的摆放形式，都能充分展现出属于自我的个性。在发挥创意、想象、专长、才能的工作空间里，"非凡"的整体家居设计能尽情地挥洒，无论是一个大器的书柜，还是一个多用的工作台，乃至一个小巧的书架，从装修风格的总体把握到每件家具细节的处理，"非凡"的独特创意，更赋予了书房中每件作品以生命的灵性。

2、更舒适

在一个称作书房的空间里，"书"是使用最为频繁的工具。为了能够好好地保存它，利用书柜来妥善的进行收藏是非常重要的。无论是大型书柜，还是开放式的书架，都可依不同的需要和空间状况使其适得其所。如果它够大够高的话，还可用于墙面的装潢，或者空间的间隔。

灯光也是书房中很重要的成员，分布均匀的暖色调光源最适合读书，而书柜中或书柜前最好加装几盏小射灯，不仅美观，查找书籍时也较容易。当然，工作台上一定要有一盏可调明暗的台灯，以便于阅读。

3、更风雅

清新淡雅以怡情，在书房中，不要只是一组大书柜，加一张大写字台、一把椅子，要把情趣充分融入书房的装饰中，一件艺术收藏品，几幅钟爱的绘画或照片，几幅亲手写就的墨宝，哪怕是几个古朴简单的工艺品，都可以为书房增添几分淡雅、几分风情。

Study Chinese

中式风格

　　传统的中式风格以宫廷建筑为代表，贴近中国古典建筑的室内装饰设计艺术风格。装饰材料以木材为主，图案多用龙、凤、龟、狮等，气势磅礴、霸气外露。

　　如今，中式风格更多地利用了后现代手法，把传统的结构形式通过重新设计组合，以一种民族特色的标志符号出现。

　　书房作为连结工作与休闲的双重空间，如何融合在庄重儒雅的中式风格中融入轻松与闲适，来看——

Study

书房没有做空间的分割，而是和其他空间连在一起，使室内更加通透。

精巧的笔架两头翘起，底座上透雕着精美的花纹，上面挂着从大到小排列的毛笔，既实用，又美观。

淡淡的水墨，两尾小鱼似从画中游来，让文静的书房也增添了一丝灵动。

绿色的墙壁很好地中和了中式家具的沉闷，让书房更加清新怡人。

地台的设计分割了榻榻米的休闲区和书桌的工作区，既有层次，又不会让空间产生封闭感。

把书桌依着落地窗摆放，读书累了，抬眼望去，就是美好的风景。

简约的明式官帽椅和古朴的书桌构成了一个典型的中式书房，以攒斗围子装饰天花脚线，既渲染气氛，又不会太夸张。

书桌、椅子、书柜紧密地摆放，使用起来十分方便，工艺品和书籍穿插摆放，也让中规中矩的中式书房显得活泼。

书房的摆设不局限于常规的四四方方的布局，而是显示了慵懒闲适的随意性，绿植的点缀更给空间注入活力。

六边形的中式洞门散发出古朴的韵味，也让各个空间之间
更加贯通。

书房内摆放一组沙发，既不会让空间显得太过空阔，又
能在工作疲倦之余好好地休息一下。

地毯与桌旗、假花的色调相呼应，使书房的整体格调沉浸在统一的氛围里。

在展示柜的侧面加灯源，在主人收藏的工艺品和书籍上打光，显得高档、大气。

红木家具色泽丰盈、花纹美丽、气质稳重，显示出主人的好品味。

在阁楼打造一个小书房，有效地利用了空间，也为家庭增添了文雅的气氛。

大瓷罐用来装画轴，显得文雅风流，也便于拿取。

单排书柜间用白墙做区隔，有一种中国水墨画的留白之意
境，让整个空间舒紧有致。

墙上以几幅大小不一的挂画拼合成一个完整的图案，构
思精巧，韵味十足。

Study

内嵌式的书柜以金棕色木条镶边，把书柜装饰的有
如一幅精致的图画。

灰色纱幔的半遮半掩，让书房有一种"犹抱琵琶半遮面"
的朦胧美。

陶瓷、毛笔、茶具和刺绣抱枕都透露出儒雅的中式韵味。

草席铺地，绿竹掩映，古老的陶器摆放在书架上，让这个书房充满禅意。

油纸伞造型的吊灯，仿佛把你带到了烟雨蒙蒙的西湖，畅想着逢着一个丁香一样的姑娘。

透明的玻璃隔断增加了书房的通透感和采光量，也为日常清洁打理带来方便。

Study

跪坐是中华民族传统的礼仪形式，可以使人的心更谦卑，身体更挺直，虔诚地阅读书籍。

书房的布局紧凑而合理，书桌、椅凳、沙发款式简单，以精美复古的小物点缀，恰到好处。

交椅是权利与地位的象征，在书房中摆放交椅，体现了深厚的历史与文化的内涵。

墙上的梅花一枝独秀，展现着君子之花的傲气和节操，暗合书房文雅的氛围。

格栅与灯光的配合变幻出瑰丽的影子，使中式书房更具韵味。

Study

格栅上的万字纹取万福万寿不断头的吉祥寓意，不仅让书房更加通透，也增添了浓浓的文化底蕴。

层次多变的博古架可供陈列精美的收藏品，在柔和的灯光下投下阴影，更显出其艺术价值。

把房间的一个角落布置成小小的书房，家具摆放紧凑却不失温馨。

书桌侧面增加镂雕的图案，让书房不失活力和美感。

低矮宽大的书桌和椅子更加舒适和拙朴，透露出中
式风格的自然质朴。

将园林艺术融入室内设计，绿植的点缀让中式书房充满自然之美。

金属材质的书架光泽饱满，丰富了使用材料，为中式书房带来时尚感。

Study *European*
欧式风格

欧式风格，是一种来自于欧罗巴洲的风格。主要有法式风格、意大利风格、西班牙风格、英式风格、地中海风格、北欧风格等几大流派，是欧洲各国文化传统所表达的强烈的文化内涵。

欧式风格强调以华丽的装饰、浓烈的色彩、精美的造型达到雍容华贵的装饰效果，同时，通过精益求精的细节处理，带给家人不尽的舒适。

如何在浪漫奢华的欧式居室里融入书香气息，打造经典的欧式风格书房，来看——

Study

丝绒的靠背椅以铆钉镶边装饰，搭配简约时尚的工作台和小书架，十分靓丽。

以金属、大理石、烤漆板、丝绸等反光性强的材质打造欧式奢华感，并把白色作为主色调，避免了过于浮华高调，而显出别致的尊贵。

宽大的家具是欧式风格的代表，以金属、丝绒、玻璃在边角、腿足处加以点缀，大气却不失精致。

红色的书柜搭配黑色的书桌，大气稳重，点缀刺绣的抱枕，典雅之感油然而生。

裸粉色的纱质窗帘柔和了书桌和椅子的的硬朗线条，也丰富了黑白的简单配色。

圆形的吊顶造型盈满了璀璨的灯光，书柜上的小壁灯给书籍补充了光线，让找书更加方便。

Study

白色的书柜典雅、干净、纯粹，配合天蓝色的丝绒座椅，打造出优雅的贵族小姐的书房。

把衣帽间与书房二合一，做到了充分利用空间，也把内在美和外在美相结合，让主人的美由内而外。

两面互开的落地窗使书房形成极佳的采光和通风效果，在书柜中开小窗，也让书籍享受徐徐的微风。

在书桌上摆放几本古典的英文书，增添欧式风情，小鸟雕
塑的点缀为书房增添了活泼清新的氛围。

斑马纹的座椅十分高调，用黑色的书桌做搭配，提升了
整体气质。

把嵌入式的书架做成拱门的样子，打破了常规，并在中间的位置放上色彩绚丽的油画作为背景墙，十分别致。

书桌的设计好似钢琴，线条流畅、造型优雅，再加以金色边线做装饰，华丽中带着高贵。

纯净的北欧风格，简单利落的家具搭配，让人感到温馨而舒适。

地板没有选择常规的铺设方式，而是以横竖斜相交叉的方式铺设，打造出层次感。

花纹从天花板延续到墙上、门上，为简单素雅的书
房带来多变和活泼感。

以梯子作为简易的书架，造型别致、理念新颖，也符合男
孩子干练、清爽的风格。

在暗色调的书房中摆放一个粉色的沙发椅，增添了柔美和
时尚感。

地板上的流线、柜子上的纹理、窗帘上的皱褶，让这个空间里的线条丰富起来，并形成一种流动美感。

茶几上的铁艺装饰和角落里的台灯相呼应，婉转的曲线给书房增添了妩媚的气息。

乳白色的书柜以黑色边线装饰，与黑色的书桌相互联系。

地毯上的花纹、吊灯上的配饰、书桌的腿足，法式优雅于细节处绽放。

在家具设计中融入建筑的设计理念，书架大小不一的格子构架和硬朗的线条体现了欧式建筑的凌厉感。

书房的布置对称和谐，两边高挑的书柜中间摆放低矮的小斗柜，形成一种高低错落的层次感。

Study

利用白色来体现欧式风格的贵族气质是一种不错的选择，再搭配墨绿色的原文书籍点缀其中，古典韵味油然而生。

简约干练的配色，工作与休闲兼具的设计，打造了一个纽约上城的时尚书房。

立体的墙纸在灯光的映射下更显得凹凸有致，
让墙面的装饰表情更加丰富。

利用光影变幻和反光材质，营造出欧式书房的奢华高贵、
瑰丽炫目。

宽大的皮质沙发彰显尊贵典范，整面墙的联排书柜体现
了主人深厚的文化底蕴，正可谓：书中自有黄金屋。

黑色实木书桌以交叉桌腿形式出现，桌子的刚毅和地毯的柔软形成了强烈的对比。

香槟色的暗花壁纸低调而奢华，在壁灯的映射下更显华丽贵气。

灰色的墙面以金色边线装饰，内敛的色彩搭配，于奢华中透出低调。

利用内敛的色彩搭配，收束现代巴洛克的过度豪奢，在富庶之中，透露几许质朴气息。

Study Mix & Match
混搭风格

凸显自我、张扬个性的时尚混搭风格已经成为现代人在家居设计中的首选。无常规的空间解构，大胆鲜明、对比强烈的色彩布置，以及刚柔并济的选材搭配，无不让人在冷峻中寻求到一种超现实的平衡，而这种平衡无疑也是对审美观念单一、居住理念单一、生活方式单一的最有力的抨击。

如何打造个性与实用、时尚与温馨兼具的书房，让书房成为家居设计中的一个亮点，来看——

Study

宽阔的空间摆放大型家具才不至于显得空旷，也能营造出大气恢弘的氛围。

托斯卡纳的硬装空间里，搭配个性的中式家具、饰品，画龙点睛，别有一番韵味。

宽厚的桌椅，高大的台灯，显得气势恢宏，墙壁上两边的雕花装饰，则增添了神秘的气息。

碎花壁纸让书房具有了甜美的田园风情，以白色为主色调不仅可以营造安静的气氛，也可以舒缓主人的疲劳。

利用镜子的反射原理，视觉上开阔了书房的空间，中式的宫灯在镜子里显得更加精巧。

象牙白的吊灯在浅咖色的背景色中跳脱出来，繁复的造型对布置简单的书房有很好的装饰作用。

书柜做成简单的横条格子，既能增加收藏书籍的容量，
又显得简洁干净。

红色是最能体现中式风格的颜色，用红色来彰显中式元素，
热烈而经典。

透明材质的座椅如果冻般晶莹剔透，让深色调的家具活泼起来。

白色的官帽椅和书桌简简单单，清清爽爽，一幅浅淡的水
墨画让整个书房更有风雅的韵味。

长长的木质书桌可以让朋友们一起来读书，床前的飘窗
也适合密友们聚在一起分享休闲时光。

红色的地毯与窗外满眼的绿色形成对比，却不失和谐，几个造型古朴的灯具把简约的书房烘托得颇有中国韵味。

书房内摆放改良式的罗汉床，舒适宜人又韵味十足，左右各一展示架，诠释了对称美。

青色的瓷瓶插着几只梅花，淡雅高洁，与暗花壁纸相映衬。

透明材质的座椅让深色调的家具活泼起来，也增加了书房的时尚感。

以镜面作为天花板让空间在视觉上更显高大宽敞，
利用反射原理也让书房的光线更加充足。

大小错落、深浅不一的地砖远远看去仿佛江南小巷的石子路，透着微雨的细润和清淡。

以直线条和方正的棱角架构书房的空间感，错落有致，井然有序。

Study

中式元素的点缀，让现代风格的书房别有一种古典韵味。

造型优雅古典的落地灯给书房带来中式韵味，装饰效果极强。

别致的木窗透出浓浓绿意，让主人在伏案苦思后可以放松大脑。

书房的配色统一，布置简约，两把欧式风情的丝绒靠背椅展露低调的奢华。

中式和欧式风格的混搭，让东西方文化在此交融。

丝绸材质的靠背椅泛着莹莹的光泽，配合质朴的原木，创造出冲突感。

墙上的挂画给颇具中式风格的书房增添了童趣，不用
瓷器而用藤编桶盛装字画也显得清新不俗。

吊顶上的大风扇十分复古，搭配木质横梁，营造出森林小
屋的自然温馨。

隔断的镂空处加吊灯的设计十分别致优雅，让白色
的隔断墙也不显单调。

自然田园

自然田园风格的用料崇尚自然，在装饰上多以碎花、花卉图案为基础，给人浓郁的扑面而来的温暖感觉，色调多是黄、粉、白等暖调。在织物质地的选择上多采用棉、麻等天然制品，其质感正好与自然田园风格不事雕琢的追求相契合。

自然田园风格的清新、自然、温暖、明丽是人们青睐它的原因，如何在自然田园风情的书房里融入个性、创造时尚，来看——

Study

明黄色的壁纸焕发勃勃生机，仿佛弗洛伦撒小镇的阳光般温暖明媚。

拱形窗宽敞明亮，与顶端透成拱形的书柜相呼应，营造出浪漫的氛围。

随处点缀的绿植把书房映衬的仿佛农庄小屋，绿色不仅清新宜人，也可以让主人缓解视觉疲劳。

铁艺的吊灯和台灯相互映衬，弯曲的灯柱像天鹅的长颈一样优美。

复古棕牛皮沙发椅和原木小几，加内嵌式书柜，构成一个小巧舒适的阅读空间。

仿兽皮的地毯让人联想到原始森林，与原木地板搭配起来，散发出无穷的自然之美。

墙上叶子图案的挂画、桌上的鹿头造型装饰和原木墙
面都具有田园风格的清新气质。

原木书架表面透出木质纹理，拙朴的工艺仿佛是小孩子的
手工品，透露着自然、原始的趣味。

随意、自然、不造作的装修及摆设方式，营造出法式田园的柔美曼妙，让人如沐春风。

橘黄色的地毯明艳亮丽，上面蜿蜒的花纹好像为地面铺就
了一条曲折的林间小路。

麻布沙发柔软舒适、自然拙朴，浅粉色的颜色也干净纯粹、
柔和曼妙，很好地诠释了田园风情。

Study

牛奶巧克力色的家具十分可爱，让人心情大好，碎花窗帘隐隐透出阳光，有一种朦胧的美感。

小碎花散落在这个书房中，即使是小小的垃圾桶也被巧妙地装饰了。

竖条纹的窗帘为空间增添了线条感和层次感，绿色的竖条纹也和书坐上的书籍、纸巾盒和绿植相呼应。

小鸟造型的雕塑和蓬勃生长的绿植都为这个小空间营造了自然的气息，白色的嵌入式书柜更是显得干净明亮。

书房的每一处都经过精心地雕琢，洛可可风格的书桌和椅子端庄优雅，精美的台灯让这份优雅的气氛更趋完美。

印花地毯上放一把舒适的摇椅，让人回到慢节奏的乡间小
屋，高高的落地灯在灯柱上设置一个钢圈，解决了随手放
书的问题。

明亮的暖黄色壁纸配合着红棕色的家具，展现家的温馨
和田园风情的自然明媚。

Study

书桌还保留着木材自然的纹理，配合着两盆小盆栽展现出不事雕琢的美感。

书房中以许多玩偶泥塑点缀，充满童趣，让人心情大好。

原木材质作为硬装的主题，让书房仿佛变身森林小屋，洋溢着自然清新的味道。

书房的布局紧凑合理，款式简单的家具以原木材质展示自然之美。

深咖色的家具让人想到浓郁的巧克力，配合白色的墙壁、天花和窗帘，更像是融入了一杯香甜的牛奶。

竖条纹壁纸让书房显得更加高挑，也打破了黑色家具的沉闷，以线条的粗细，丰富了层次感。

绿色的涂漆让双眼放松，书桌上的雕塑活灵活现，更融入了动感和活力。

玻璃门用铁艺塑成的曲线装饰，让冰冷的玻璃也生动起来。

以清新的小盆栽和绿色的装饰物点缀在书架上，额昂书籍和工艺品充满了生机和活力。

地中海经典的蓝白组合仿佛怡人的微风，徐徐袭来，让人
陶醉。

嵌入式的书柜中间用立柱加以分隔，浅咖色的隔板映衬
着五彩缤纷的书籍很好看。

Study

温暖明媚的阳光、咖啡牛奶色的地砖、舒适清爽的藤椅，使这一方小天地让人流连。

充分利用小空间发挥书房的功能，色彩的搭配活泼可爱，小绿植的点缀起到画龙点睛的作用。

墙面以几种壁纸拼接，下部的暗色格子耐脏实用，上部的竖条纹清新怡人，中间的卡通图案充满童趣。

质朴的红砖裸露在外，为书房增添了古朴原始的感觉，与红色的百叶窗也互相呼应。

叶子作为一种设计语汇贯穿书房的墙上、地面，透
出纹理清晰的叶脉。

抛弃了复杂的装饰线条，取而代之以简单整洁的设计，为
家居营造清凉舒适的感觉。

书架依照斜墙的形状分出高低不同的格子，可以满足多
样的储存需求，镂空的棂子和雕刻精细的椅背带来了浓
郁的热带风情。

StudyModern
现代简约

　　现代简约风格并不是缺乏设计
要素，而是一种更高层次的创作境
界。在室内设计方面，不是要放弃
原有建筑空间的规矩和朴实，去对
建筑载体进行任意装饰，而是在设
计上更加强调功能，强调结构和形
式的完整，更追求材料、技术、空
间的表现深度与精确。删繁就简，
去伪存真，以色彩的高度凝练和造
型的极度简洁，用最洗练的笔触，
描绘出最丰富动人的空间效果

　　在书房的设计上，如何做到现
代元素的合理运用，简约而不简单，
来看——

Study

书房与卧室融合在一起，让工作与休息有机结合。

墙面上嵌入的假壁炉让人在冬日里感受到温暖和舒适，坐
在柔软的沙发里喝一杯黑咖啡更是一种难得的享受。

宽大的座椅和小巧的几案形成对比，让书房更显轻松舒适，充满家的温馨。

以黑色地毯分隔空间，在视觉上给人以分明的层次感，也在材质和颜色上与家具形成反差，创造出强烈的现代感。

书桌和书架相连，既节省空间，又方便拿取书籍。

内嵌式的书柜节省空间，镜面材质则让书柜看起来更明亮，代替了小灯的打光作用。

浅灰色花纹的地砖呈 V 字形拼贴在地面上，好像波光粼粼的湖面。

白色的格子书架可以展示书籍本身的缤纷色彩，书籍就是书房最好的装饰品。

抹茶色的竖柜与咖啡色的墙面完美结合，一如下午
茶　样的甜美怡人。

宽大的沙发椅舒适大气，滑轮的设计便于移动。

抽象的人型雕塑与书桌很好的贴合在一起，也增添了书房的艺术气息。

Study

地面的设计用深浅不一的暖黄色来装饰空间，明朗的色彩让人温馨自在。

不规则的地毯勾画出流畅的线条，适度的留白也让空间更有意境。

用金属陈列架做隔断，加强了书房与其他空间的交流，金属本身的反光性也增添了艺术品的光泽。

用长隔板作为书桌，充分利用墙面的功能性，也拥有了更大的使用面积。

黑、白、灰是最具时尚感的颜色，这三种颜色搭配
出来的书房是经典不败的时尚。

书架的设计通透大气，以磨砂玻璃做空间的分隔，增加了
朦胧的美感。

整面墙的书柜和别致的书桌透露着空间的书香气息。

低矮的书桌让主人更加亲近地面、放松精神，白色的毛绒
毯子则能够温柔地包裹疲劳的双腿。

以围栏代替墙面，让二楼的书房与其他空间更加串联，
回纹装饰也为现代家居带来典雅的中式韵味。

Study

金属材质做成的书架简约时尚，也与书房内其他反光材质相互映衬。

银色的金属隔板凸显着现代感，它的光泽感把书籍和陈列品烘托得更显档次。

用线条解构椅子的造型，有如后现代主义的艺术品。

印花壁纸给简洁的书房增添了艺术气息，浅灰色也能够很好映衬家具光洁的表面。

架几案改良而来的书桌也兼具了书柜的作用，既能起到收纳的作用，又为拿取东西提供方便。

皮革的座椅看起来舒服又大气，现代的造型也不会流于俗气。

造型创新的靠背椅以印花麻布包裹，配合着原木书桌和地板，展现艺术与自然的融合之美。

推拉柜门的设计便于清洁，也增加了书房的变化性。

Study

滑梯造型的桌子是线条的时尚演绎，配合着大面积的落地窗，凸显住宅的高档品味。

T型的书桌充分利用空间的边角，弥补了空间不规整的缺点。

莲花造型的吊灯清雅悠然，衬托了书房的文雅气息。

纤细的椅腿用复杂的结构增加受力，黑色的金属框架好像一个精密仪器的内部结构，带有科技感。

皮质的座椅柔软舒适，烤漆桌面光滑透亮，两种不同的材质的运用更能凸显书房的层次感。

座椅的造型像两个扎马步的人，流畅的线条符合人
体工学，时尚与舒适兼具。

L 型的写字台在现代家居中较为常见，利用墙角的弯折可以节省空间。

书架分为三部分，上部为展示区，下部为收纳区，中间部分适合摆放经常拿取的东西，十分方便。

Study

书桌和沙发的形状依照墙角做出弯度，能够有效地利用空间，并打破局促感。

满墙的照片随意摆放，自有一种美感，这些照片既是对美丽风景的记录，也是对墙面很好的装饰。

用一个有柜门的书柜收藏书籍既干净又整洁，也与书房整体简约的格调统一协调。

高低不同的格子适合摆放不同尺寸的书籍和工艺品，也显得层次丰富。

以落地灯代替台灯，既节省了书桌上的空间，也让光线的变换更加方便。

书桌上明朗开阔的木色自然纹络，使人置身暗色调的背景内也能身心舒畅。

Study

大面积使用落地窗使书房采光极佳，眺望窗外的风景也是眼睛最好的休息。

书架以单格的竖柜为单位，高低错落摆放，让书房有了一种灵动的层次感。

书柜兼具展示和收纳的功能，光滑的表面非常方便清理。

利用走廊的空间打造一个小的学习工作区，灰蓝色的墙壁
既美观，又耐脏。

绿色的靠背椅成为书房中的一个亮点，配合着印花地
毯，给书房增添了一点民族风。

Study

以灰紫色作为书房的主色调，浪漫高贵，沉稳大气。

在大地色系的空间内摆放一张玫红色的沙发，打破平庸的配色和布局，很好地抓住人们的眼球。

黑色，是一种态度，以线条的结构打破黑色的单一，让黑色也变得活泼起来。

书桌上的木质纹理有一种原始质朴的美感，让人在工作学习时也能亲近自然。

蓝色的地毯为素白的书房增色不少，也与蓝色的吊
顶上下呼应。

从家具、地板到墙面，都选用米色系的颜色，让书房仿佛
永远都沐浴在阳光下，呈现暖烘烘的感觉。

竖条纹的布艺沙发活泼而不张扬，是对素雅的书房
很好的点缀，同时也渲染了温馨的家的氛围。

选用实木和金属的组合，材质的对比体现出书房
的不凡质感。